PROYECTO
SABER HACER

CUADERNO

Matemáticas

Primer trimestre

PRIMARIA 3

El cuaderno Matemáticas 3, primer trimestre, para tercer curso de Primaria, es una obra colectiva concebida, diseñada y creada en el Departamento de Ediciones Educativas de Santillana Educación, S. L., dirigido por **Antonio Brandi Fernández**.

En su elaboración ha participado el siguiente equipo:

TEXTO Y EDICIÓN
Pilar García Atance

ILUSTRACIÓN
Carlos Díaz Herrera
José María Valera Estévez

EDICIÓN EJECUTIVA
José Antonio Almodóvar Herráiz

DIRECCIÓN DEL PROYECTO
Domingo Sánchez Figueroa

DIRECCIÓN Y COORDINACIÓN EDITORIAL DE PRIMARIA
Maite López-Sáez Rodríguez-Piñero

SANTILLANA

Descomposición de números de tres y de cuatro cifras

1 Colorea del mismo color las cartelas con el mismo número.

10 D   30 D   40 D

100 U   400 U   3 C

4 C   300 U   1 C

20 C   50 C   70 C

5 UM   7.000 U   2 UM

2.000 U   5.000 U   7 UM

2 Cuenta y completa la descomposición de cada número.

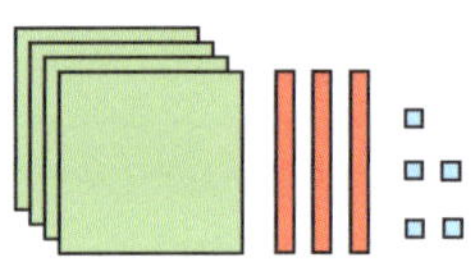

C	D	U

435 = _____ C + _____ D + _____ U

435 = 400 + _____ + _____

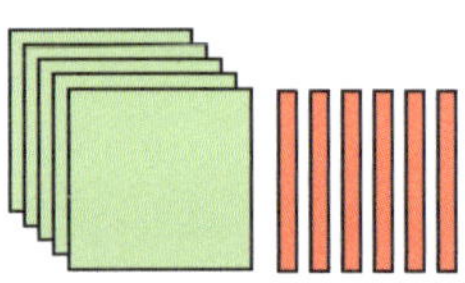

C	D	U

[ ] = _____ C + _____ D

[ ] = _____ + _____

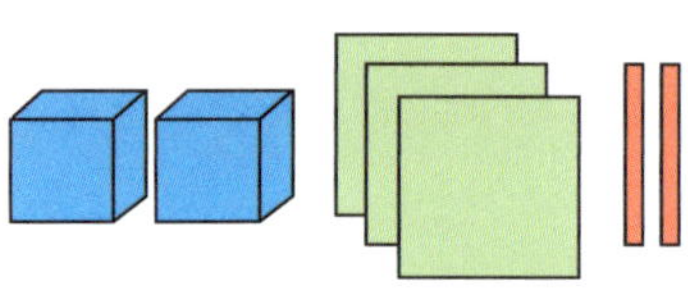

UM	C	D	U

[ ] = _____ UM + _____ C + _____ D

[ ] = _____ + _____ + _____

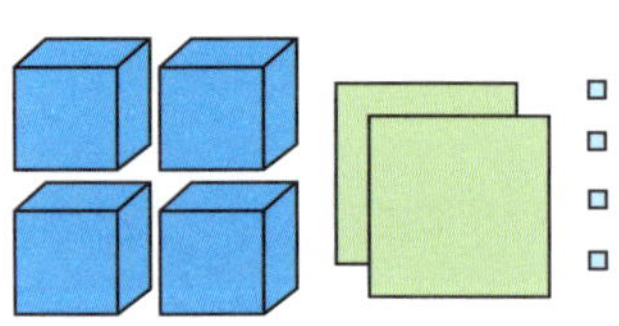

UM	C	D	U

[ ] = _____ UM + _____ C + _____ U

[ ] = _____ + _____ + _____

3 Relaciona cada número con su descomposición.

3 C + 2 D + 9 U

2 UM + 5 C + 1 D + 8 U

7 C + 4 D + 1 U

2.518   741   917   329   5.953   9.086

9 C + 1 D + 7 U

5 UM + 9 C + 5 D + 3 U

9 UM + 8 D + 6 U

4 En cada caso, piensa y escribe tres números.

Su cifra de las centenas es 7 y la de las unidades 5.	Su cifra de las centenas es 9 y la de las decenas 3.	Su cifra de las unidades de mil es 9 y la de las unidades 5.	Su cifra de las unidades de mil es 7 y la de las decenas es 8.

5 Escribe el valor en unidades de la cifra 5 de cada número.

EJEMPLO

8.562 → 5 C = 500 U

- 956 → ____________
- 534 → ____________
- 5.387 → ____________
- 6.598 → ____________

6 Escribe en cada caso dos números usando las cifras de los globos.

Tienen 1 centena. ▶ ______ ______

Tienen 4 decenas. ▶ ______ ______

Tienen 5 unidades. ▶ ______ ______

Tienen 8 unidades de millar y 7 decenas. ▶ ______ ______

Tienen 7 unidades de millar y 6 centenas. ▶ ______ ______

7 ¿Qué número es? Lee y escríbelo.

- Su cifra de las unidades de millar es igual que la de las unidades.
- La suma de las cifras de las centenas y decenas es igual a 5.

7.297 9.079 3.508

4.146 5.325

El número buscado es ▶ ______

Lectura y escritura de números de tres y de cuatro cifras

1 Colorea igual las cartelas que expresan el mismo número.

629

2.690

926

9.026

Nueve mil veintiséis

Novecientos veintiséis

Dos mil seiscientos noventa

Seiscientos veintinueve

2 Escribe cómo se lee el número de cada banderín.

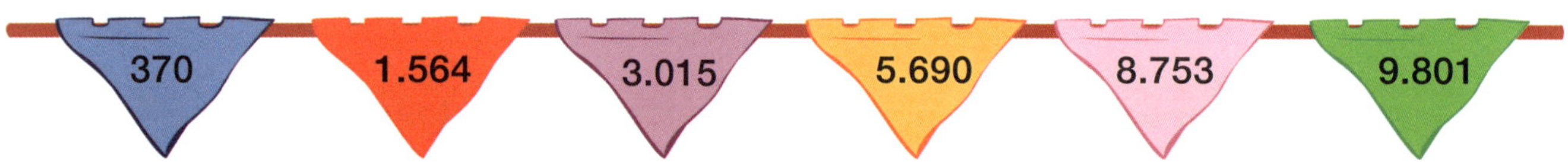

▸ ______________________________

▸ ______________________________

▸ ______________________________

▸ ______________________________

▸ ______________________________

▸ ______________________________

3 Lee y escribe en cada coche el número de su matrícula.

- El número de la matrícula del coche rojo es dos mil ochocientos diecinueve.
- El número de la matrícula del coche azul es cuatro mil novecientos diez.
- El número de la matrícula del coche verde es siete mil cuatrocientos dieciocho.
- El número de la matrícula del coche amarillo es nueve mil noventa.
- El número de la matrícula del coche naranja es nueve mil setecientos cinco.

Números ordinales

1 **Completa los carteles con los números ordinales y contesta.**

- ¿De qué color es el caracol que ocupa el decimocuarto lugar? ____________________
- ¿De qué color es el caracol que ocupa el decimonoveno lugar? ____________________
- ¿Qué lugar ocupará el caracol que va detrás del caracol amarillo? ____________________

2 **RAZONAMIENTO. Lee y escribe su nombre y qué orden ocupan en la fila.**

Julia, Marcos, Tania y Luis van a sacar las entradas para el cine.

- Marcos es el primero de la fila y Luis no es el último.
- Julia va detrás de Tania.

 ▸ __________  ▸ __________  ▸ __________  ▸ __________

Estudiar la población de varios pueblos

1 **Resuelve.**

En la tabla aparece el número de habitantes de cinco pueblos.

Pueblo	Habitantes
Antalón	2.780
Campola	7.600
Jardinar	5.720
Tendemo	6.230
Villasol	9.500

- Escribe con cifras y letras los habitantes de cada pueblo.

Antalón ▶ [ ] ▶ ____________________

Campola ▶ [ ] ▶ ____________________

Jardinar ▶ [ ] ▶ ____________________

Tendemo ▶ [ ] ▶ ____________________

Villasol ▶ [ ] ▶ ____________________

- Ordena de menor a mayor los habitantes de los cinco pueblos.

[ ] ◯ [ ] ◯ [ ] ◯ [ ] ◯ [ ]

¿Qué pueblo es el más poblado? ____________________

¿Qué pueblos tienen más de 7.000 habitantes? ____________________

¿Qué pueblos tienen menos de 6.000 habitantes? ____________________

- Lee y contesta.

Marcos vive en el pueblo que tiene más habitantes que Jardinar y menos que Campola. ¿En qué pueblo vive Marcos? ____________________

1 **Coloca los números y calcula las sumas y las restas.**

N 25 + 42	F 39 + 16	T 47 + 24	E 51 + 39
E 68 − 24	E 72 − 36	A 80 − 17	L 94 − 56

- Ordena de menor a mayor los resultados de las operaciones y escribe debajo la letra correspondiente.

36	○		○		○		○		○		○		○	
E														

- Escribe cómo se leen los números de la actividad anterior que tienen igual la cifra de las decenas y las unidades.

☐ ▸ ____________________

☐ ▸ ____________________

Descomposición, lectura y escritura de números de cinco cifras

1 Completa el cuadro y descompón cada número.

57.930

DM	UM	C	D	U
5	7	9	3	0

▶ _____ DM + _____ UM + _____ C + _____ D
_____ + _____ + _____ + _____

64.308

DM	UM	C	D	U

▶ _____ DM + _____ UM + _____ C + _____ U
_____ + _____ + _____ + _____

83.084

DM	UM	C	D	U

▶ _____ DM + _____ UM + _____ D + _____ U
_____ + _____ + _____ + _____

2 Observa los números y escribe.

- Los números cuya cifra de las decenas de millar es 9.

____

- Los números cuya cifra de las unidades de millar es 8.

____

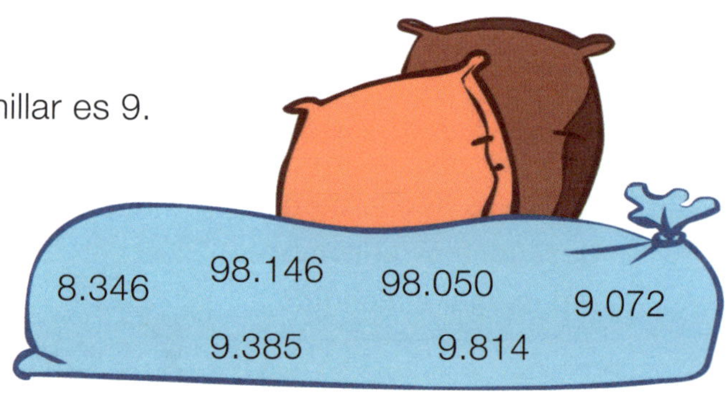

3 Escribe cómo se lee cada número.

27.180 ▶ _______________________________

59.306 ▶ _______________________________

75.049 ▶ _______________________________

80.387 ▶ _______________________________

93.005 ▶ _______________________________

4 Escribe con cifras cada número.

- Veintinueve mil doscientos quince ▶ ☐
- Cuarenta y ocho mil doscientos dieciséis ▶ ☐
- Ochenta y cuatro mil cuatrocientos siete ▶ ☐

5 Escribe el número representado en el ábaco y cómo se lee.

a.

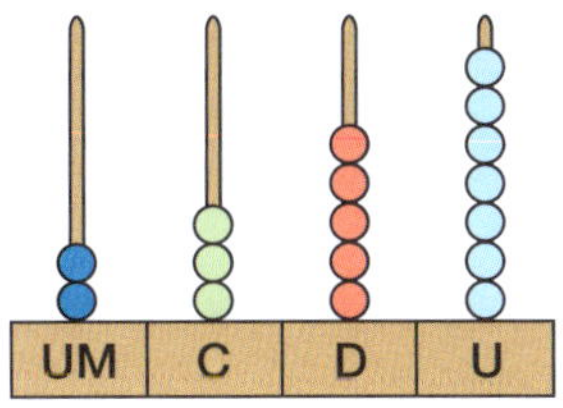

b.

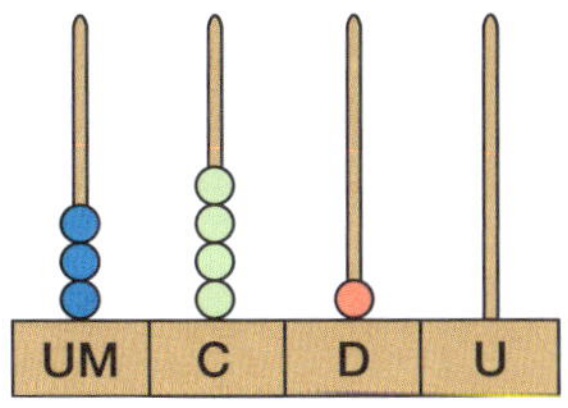

c.

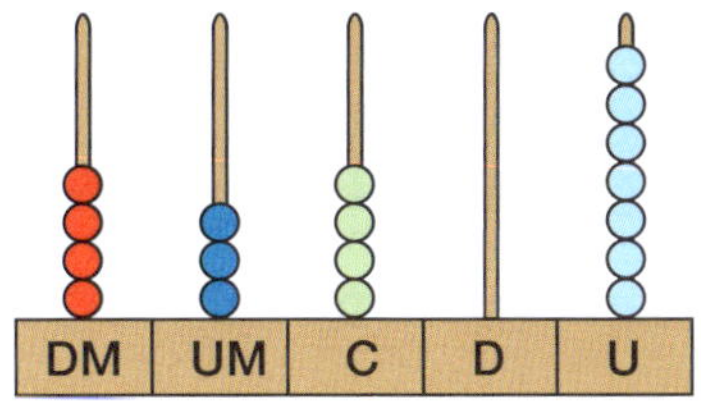

d.

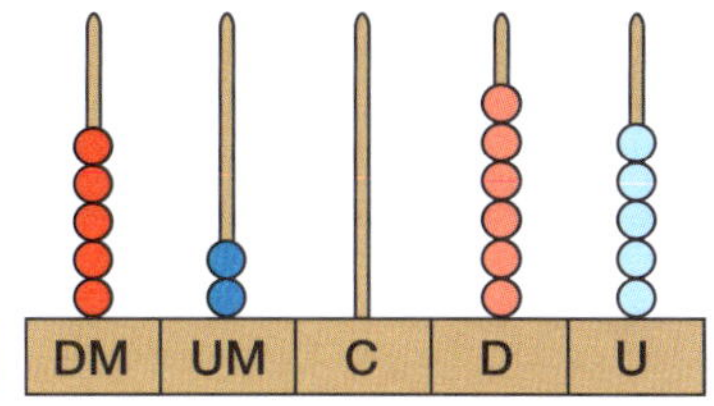

a. ▶ ______________________________

b. ▶ ______________________________

c. ▶ ______________________________

d. ▶ ______________________________

6 Lee y resuelve.

Son las fiestas del barrio y han puesto una gran tómbola.
Estos son algunos de los premios que han dado esta mañana.

- Virginia tenía la papeleta con el número cuya cifra de las unidades de millar es igual que la de las decenas. ¿Qué premio le tocó?

▶ ______________________________

- Carlos tenía la papeleta con el número cuya cifra de las decenas de millar es igual que la de las unidades. ¿Qué premio le tocó?

▶ ______________________________

7 **RAZONAMIENTO.** Lee detenidamente y escribe qué número es.

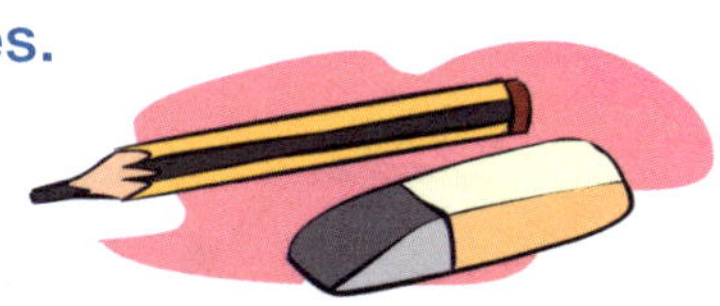

- Sus cifras son: 1, 2, 3, 4 y 5.
- La cifra mayor corresponde a las decenas de millar.
- La cifra menor corresponde a las decenas.
- La cifra de las unidades de millar es el doble que la de las unidades.

DM	UM	C	D	U

Comparación de números de cuatro y de cinco cifras

1 Escribe el signo < o > según corresponda.

5.319 ◯ 4.988	2.154 ◯ 2.145	15.680 ◯ 9.765
88.215 ◯ 66.231	33.256 ◯ 33.258	99.858 ◯ 98.999
25.148 ◯ 21.985	12.345 ◯ 25.314	11.111 ◯ 10.864

2 Ordena y escribe el signo correspondiente.

De menor a mayor

- 4.567, 5.674, 4.657

____

- 12.310, 12.013, 12.130

____

De mayor a menor

- 9.020, 9.200, 9.002

____

- 73.640, 73.604, 76.430

____

3 Piensa y escribe los números.

Tres números mayores que 9.800 y menores que 9.820.

Tres números menores que 20.000 cuya cifra de las centenas es 9.

Tres números mayores que 15.400 cuya cifra de las decenas es 8.

4 Lee y resuelve.

De los dos coches más baratos, Pablo eligió el coche de mayor precio. ¿Cuánto costó el coche que eligió Pablo?

____

Aproximaciones

1 Ayúdate de las rectas y aproxima cada número al orden que se indica.

A las decenas

0 10 20 30 40 50 60 70 80 90 100

- 76 ▶
- 94 ▶
- 43 ▶
- 58 ▶

A las centenas

0 100 200 300 400 500 600 700 800 900 1.000

- 245 ▶
- 380 ▶
- 564 ▶

A los millares

0 1.000 2.000 3.000 4.000 5.000 6.000 7.000 8.000 9.000 10.000

- 2.320 ▶
- 6.780 ▶
- 8.290 ▶

2 Observa el dibujo y contesta.

Marcos, Paula, Andrea y Jorge han quedado en la plaza y cada uno camina hasta allí desde su casa. ¿Cuántos metros aproximadamente recorre cada uno desde su casa a la plaza?

Paula ▶ Jorge ▶ Andrea ▶ Marcos ▶

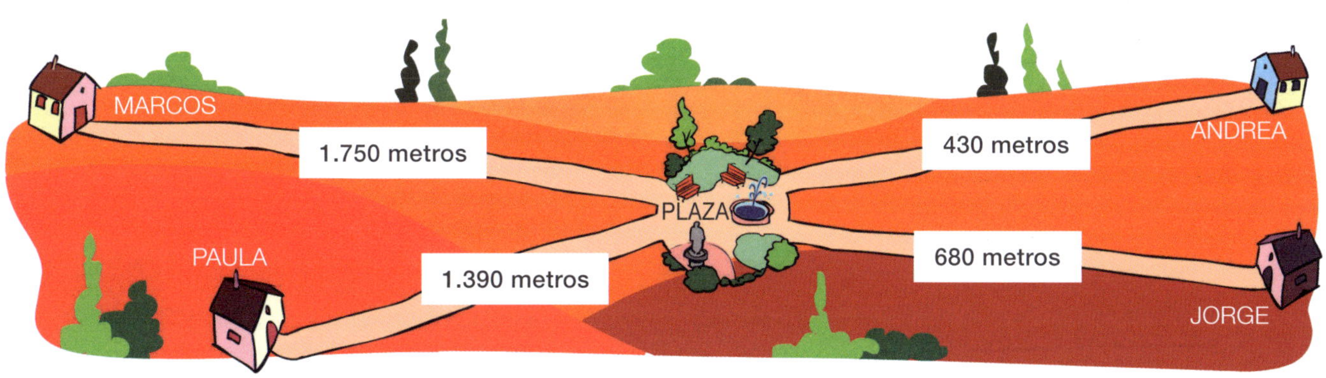

- Un día Paula recorrió aproximadamente 2.000 metros. ¿Pudo recorrer 2.150 metros? Explica por qué.

Números romanos

1 Aplica cada regla y escribe el número.

REGLA DE LA SUMA
Una letra colocada a la derecha de otra de igual o mayor valor le suma a esta su valor.

- VI ▶ ______
- XI ▶ ______
- LI ▶ ______
- CX ▶ ______
- CL ▶ ______
- CLX ▶ ______
- DC ▶ ______
- DCX ▶ ______
- MD ▶ ______

REGLA DE REPETICIÓN
Las letras I, X, C y M solo se pueden repetir dos o tres veces seguidas.

- III ▶ ______
- XXX ▶ ______
- CCC ▶ ______
- MMM ▶ ______

REGLA DE LA RESTA
Las letras I, X o C colocadas a la izquierda de una de las dos letras de mayor valor que le siguen le restan a esta su valor.

- IV ▶ ______
- XC ▶ ______
- IX ▶ ______
- CD ▶ ______
- XL ▶ ______
- CM ▶ ______

REGLA DE LA MULTIPLICACIÓN
Una raya horizontal colocada encima de una letra o grupo de letras multiplica su valor por 1.000.

- $\overline{IV}$ ▶ ______
- $\overline{VI}$ ▶ ______
- $\overline{V}$ ▶ ______
- $\overline{VII}$ ▶ ______

2 Escribe con números romanos.

- 8 ▶ ______
- 12 ▶ ______
- 23 ▶ ______
- 35 ▶ ______
- 43 ▶ ______
- 86 ▶ ______
- 123 ▶ ______
- 231 ▶ ______
- 520 ▶ ______
- 1.150 ▶ ______
- 2.500 ▶ ______
- 3.600 ▶ ______

Aplica la regla de la resta.

- 4 ▶ ______
- 9 ▶ ______
- 40 ▶ ______
- 90 ▶ ______
- 400 ▶ ______
- 900 ▶ ______

3 Escribe con números romanos el día y el mes en que naciste.

Problemas

1 Lee y completa.

- Un grupo de amigos juega a adivinar cartas con números. Observa los números de las cartas y escribe la que tiene cada uno.

4.379 28.090 76.319 2.452 7.241

– El número de la carta de Alberto tiene 4 centenas y 2 unidades.

– El número de la carta de Gonzalo tiene 7 decenas.

– El número de la carta de Sandra tiene 2 decenas de millar.

– El número de la carta de Laura tiene la cifra de las unidades de millar igual a la suma de las otras tres.

¿Qué número tiene cada uno?

Alberto ▶ ______ Gonzalo ▶ ______

Sandra ▶ ______ Laura ▶ ______

2 Lee y escribe cada número romano con cifras y letras.

- ¿Cuántos capítulos tiene el libro que está leyendo?

______ ▶ ______________________

- ¿Cuántas páginas tiene el libro? ¿Cuántas imágenes?

Páginas ▶ ______

Imágenes ▶ ______

- Hoy Javier ha leído el capítulo XXXVI. ¿Cuántos capítulos le faltan para terminar el libro?

Conocer la altura a la que sube un globo

1 **Lee y contesta.**

La mayor altura alcanzada por un globo aerostático es de 34.668 metros y este récord se consiguió el día 4 de marzo de 1961.
Observa en la tabla la altura que subió cada globo.

Globo					
Altura (en metros)	7.850	9.800	2.975	14.560	21.725

- ¿Qué globos subieron por encima de los 10.000 metros?

- ¿Qué globos no alcanzaron los 8.000 metros de altura?

- ¿Cuántos metros subió el globo que alcanzó mayor altura? Escríbelo con letra.

- ¿Cuántos metros subió el globo que alcanzó menor altura? Escríbelo con letra.

- Escribe cuántos metros aproximadamente subió cada globo.

 ▸ ____  ▸ ____  ▸ ____

- Lee y escribe tres posibles respuestas.

Un globo subió más metros que el globo azul y menos que el globo rojo. ¿Cuántos metros pudo subir?

Un globo subió más metros que el globo verde y menos de 15.800 metros. ¿Cuántos metros pudo subir?

Un globo subió más metros que el globo naranja y menos de 21.800 metros. ¿Cuántos metros pudo subir?

1 Escribe con cifras cada número y completa el cuadro.

Siete mil ochocientos veinticuatro ▶	7	8	2	4
Cuatro mil novecientos veintiséis ▶				
Tres mil quinientos setenta y cinco ▶				
Ocho mil ciento sesenta ▶				

- Copia los números del cuadro azul y comprueba que:

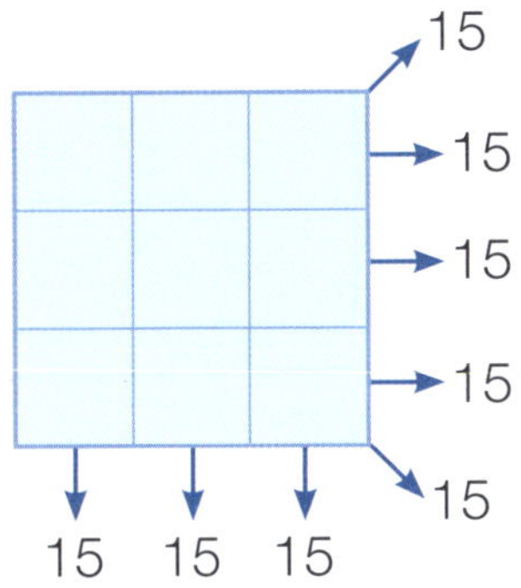

La suma de los números de cada fila es igual a 15.

La suma de los números de cada columna es igual a 15.

La suma de los números de cada diagonal es igual a 15.

2 Utiliza las cifras de las tarjetas y escribe.

Cuatro números cuya cifra de las C es 9.

Cuatro números cuya cifra de las UM es 8.

Cuatro números cuya cifra de las DM es 7.

- ¿Cuál es el mayor número que puedes formar con los números de las cinco tarjetas? Escríbelo con cifras y con letras.

▶ ______________________________

- ¿Cuál es el menor número que puedes formar con los números de las cinco tarjetas? Escríbelo con cifras y con letras.

▶ ______________________________

Sumas de dos números llevando

1 Calcula y completa la tabla.

$$\begin{array}{r} 3286 \\ +\,4752 \\ \hline \end{array} \qquad \begin{array}{r} 6246 \\ +\,872 \\ \hline \end{array} \qquad \begin{array}{r} 25783 \\ +\,68249 \\ \hline \end{array}$$

$$\begin{array}{r} 45381 \\ +\,25869 \\ \hline \end{array} \qquad \begin{array}{r} 64592 \\ +\,7358 \\ \hline \end{array} \qquad \begin{array}{r} 57840 \\ +\,6832 \\ \hline \end{array}$$

Sumandos						
Suma o total						

2 Calcula las sumas de cada recuadro y contesta.

- ¿Son iguales los sumandos en las dos sumas? ______
- ¿Los sumandos están colocados en el mismo orden? ______
- ¿En las dos sumas el total es igual? ______
- ¿Influye el orden de los sumandos en el resultado de la suma? ______

3 **Coloca los números y calcula.**

3.672 + 945	8.593 + 98	52.689 + 3.473	43.762 + 983

4 **Lee y colorea.**

Los sumandos

La suma o total

3.561 6.048 2.487

12.375 4.098 16.473

5 **Observa el dibujo y resuelve.**

- El camión azul lleva 987 kilos más que el camión verde. ¿Cuántos kilos lleva el camión azul?

▶ ____________

- El camión rojo lleva 1.290 kilos más que el camión verde. ¿Cuántos kilos lleva el camión rojo?

▶ ____________

- ¿Cuántos kilos en total llevan el camión azul y el verde?

- ¿Cuántos kilos en total llevan el camión verde y el rojo?

FICHA 2

Sumas de tres números llevando

1 Coloca los números y calcula.

- 32.876 + 12.865 + 4.652
- 9.456 + 32.108 + 1.673
- 765 + 5.452 + 37.053

2 Observa los números de los globos y calcula las sumas que se indican.

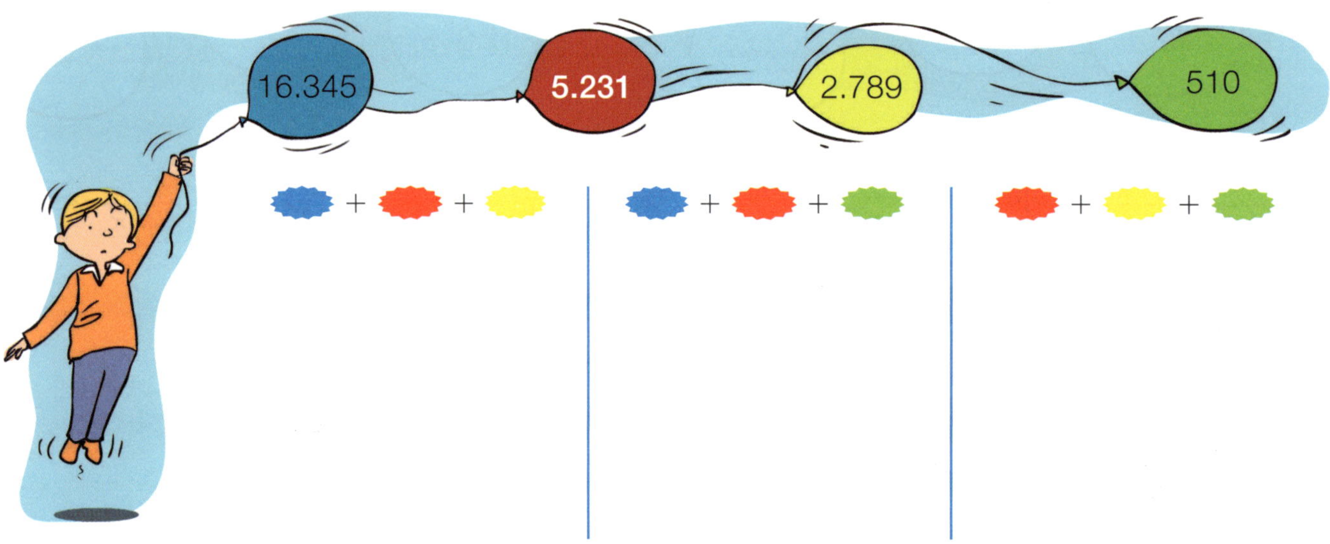

3 ¿Cuántas sumas distintas de tres números puedes formar con los números de estas tarjetas? Escríbelas y calcula.

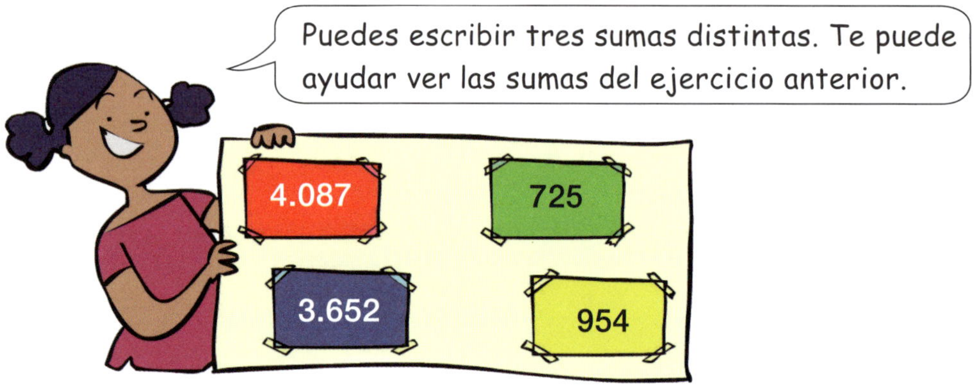

Problemas

1 Resuelve.

- El viernes salieron de un aeropuerto 2.560 personas, el sábado salieron 1.560 y el domingo 2.975. ¿Cuántas personas salieron en total los tres días?

SOLUCIÓN ______________________

____

- En la primera partida de un juego, Ignacio consiguió 1.315 puntos, en la segunda 735 y en la tercera 1.730. ¿Cuántos puntos consiguió en total?

SOLUCIÓN ______________________

____

2 Observa el mapa y resuelve.

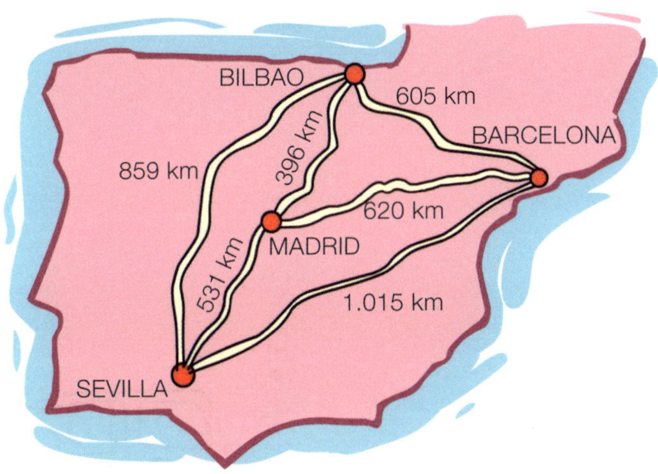

- Alejandro sale de Sevilla hacia Bilbao y recorre un total de 927 km. ¿Qué camino ha elegido Alejandro? ¿Por qué ciudades ha pasado?

SOLUCIÓN ______________________

____

- Mariano lleva un camión. La semana pasada salió de Bilbao a Barcelona y desde allí fue a Sevilla pasando por Madrid. ¿Cuántos kilómetros recorrió?

SOLUCIÓN ______________________

____

- En las vacaciones, Celia fue de Madrid a Sevilla y, desde allí, fue a Barcelona. Después volvió a Madrid. ¿Cuántos kilómetros recorrió en total?

SOLUCIÓN ______________________

____

Estimación de sumas

1 Estima las sumas.

Aproxima a las decenas

- 32 + 49
- 57 + 24
- 88 + 51

Aproxima a las centenas

- 279 + 120
- 567 + 340
- 735 + 910

Aproxima a los millares

- 1.280 + 2.960
- 4.580 + 6.210
- 7.390 + 8.610

2 Observa el peso de cada vehículo y calcula.

- ¿Cuántos kilos aproximadamente pesan juntas la moto roja y la azul?

SOLUCIÓN ______________________

____

- ¿Cuántos kilos aproximadamente pesan juntos el coche verde y el amarillo?

SOLUCIÓN ______________________

____

Sumas con la calculadora

1 **Calcula las sumas. Después, comprueba los resultados con la calculadora.**

895 + 3.675

2.987 + 45.654

2.976 + 543 + 276

2 **Lee y resuelve. Después, comprueba los resultados con la calculadora.**

Hace tres días un circo llegó a la ciudad. En la tabla aparece el número de niños y de adultos que fueron cada día.

	Niños	Adultos
Primer día	380	1.125
Segundo día	435	1.640
Tercer día	560	1.100

- ¿Cuántos niños en total fueron los tres días?

SOLUCIÓN ______________________________

____

- ¿Cuántos adultos en total fueron los tres días?

SOLUCIÓN ______________________________

____

3 **RAZONAMIENTO. Estima y contesta.**

Paula lleva 100 € y tiene que comprar dos regalos. ¿Podrá comprar el bolso y la pluma? ¿Por qué?

Estudiar los pesos de algunos animales del zoo

1 Lee y resuelve.

El veterinario del zoo ha anotado en una ficha el peso de algunos animales.

- ¿Cuántos kilos pesan en total los dos animales menos pesados?

  SOLUCIÓN ______________________________

- ¿Cuántos kilos pesan en total los dos animales más pesados?

  SOLUCIÓN ______________________________

- ¿Cuántos kilos aproximadamente pesan el búfalo y la cebra juntos?

  SOLUCIÓN ______________________________

- ¿Cuántos kilos aproximadamente pesan el elefante y el hipopótamo juntos?

  SOLUCIÓN ______________________________

- Un canguro pesa 37 kilos, un guepardo 44 kilos y un lince 19 kilos. ¿Cuántos kilos aproximadamente pesan entre los tres? Calcúlalo mentalmente.

  SOLUCIÓN ______________________________

1 Escribe los números y completa el cuadro.

1. Catorce mil veintiocho.
2. Veintidós mil seiscientos cincuenta y nueve.
3. Treinta y tres mil trescientos noventa.
4. Cuarenta y cuatro mil cuatrocientos cuarenta y uno.
5. Cincuenta y cinco mil quinientos cincuenta y dos.
6. Setenta y seis mil seiscientos sesenta y tres.
7. Noventa mil setecientos setenta y nueve.
8. Sesenta y dos mil ciento ochenta y seis.

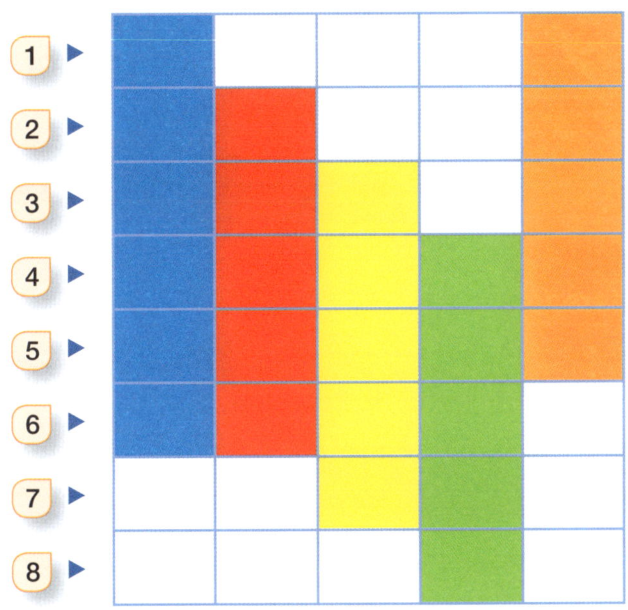

- Escribe cómo se leen los números que aparecen en cada columna de color.

▶ ______________________________

▶ ______________________________

▶ ______________________________

▶ ______________________________

▶ ______________________________

- ¿Siguen alguna regla los números de cada columna? Explica cuál.

____

Restas llevando

1 Calcula las restas y completa la tabla.

```
  4283       37204
− 2516     −  5296

 52640       60253
−27284     −  6278

 70108       92601
− 5973     −   756
```

	Minuendo	Sustraendo	Diferencia

2 Calcula las restas y escribe cuál es su diferencia.

Minuendo ▶ 5.034
Sustraendo ▶ 2.856

La diferencia es…

Minuendo ▶ 9.056
Sustraendo ▶ 857

La diferencia es…

Minuendo ▶ 40.170
Sustraendo ▶ 8.465

La diferencia es…

Minuendo ▶ 82.032
Sustraendo ▶ 999

La diferencia es…

3 Piensa y colorea.

- El minuendo.
- El sustraendo.
- La diferencia.

4 Coloca los números y resta. Después, haz la prueba.

Una resta está bien hecha si se cumple que:
sustraendo + diferencia = minuendo

- 9.065 − 894

PRUEBA

- 12.340 − 6.897

PRUEBA

5 Observa el dibujo y resuelve.

- ¿Cuántas vacas menos que cerdos hay en la granja?

SOLUCIÓN

____

____

- ¿Cuántas gallinas más que cabras hay en la granja?

SOLUCIÓN

____

____

- ¿Cuántas gallinas más que cerdos hay en la granja?

SOLUCIÓN

____

____

Estimación de restas

1 Estima las restas aproximando al orden adecuado.

- 43 − 28
- 87 − 53
- 569 − 136
- 741 − 283
- 3.876 − 2.350
- 6.450 − 2.910

2 Observa el dibujo y resuelve.

- ¿Cuántos centímetros mide Pablo menos que Ana?

SOLUCIÓN ______________________

____

- ¿Cuántos centímetros aproximadamente mide Pablo menos que Ana?

SOLUCIÓN ______________________

____

- ¿Cuántos centímetros aproximadamente mide Inés más que Luis?

SOLUCIÓN ______________________

Restas con la calculadora

1 Calcula y comprueba los resultados con la calculadora.

En la ciudad donde vive Andrea hay cuatro colegios. Observa en la tabla el número de alumnos de cada uno.

Colegio	Número de alumnos
Cisne	1.200
Aldea	590
Natural	1.720
Saltarín	220

- ¿Cuántos alumnos tiene el colegio Saltarín menos que el colegio Aldea?

  SOLUCIÓN ______________________________

  ____

- ¿Cuántos alumnos tiene el colegio Natural más que el colegio Cisne?

  SOLUCIÓN ______________________________

  ____

- ¿Cuántos alumnos le faltan al colegio con más alumnos para tener 2.000?

  SOLUCIÓN ______________________________

  ____

- ¿Cuántos alumnos tienen entre los cuatro colegios?

  SOLUCIÓN ______________________________

  ____

2 RAZONAMIENTO. Observa los puntos que consiguió cada uno y completa las frases.

- Lucía consiguió aproximadamente __________ puntos más que Jorge.
- Sandra consiguió aproximadamente __________ puntos menos que Álvaro.

Problemas de dos operaciones

1 Resuelve.

- Para su nueva casa, Susana compra un cuadro por 75 € y un espejo por 120 €. Para pagar entrega 200 €. ¿Cuánto dinero le devuelven?

SOLUCIÓN ______________________________

- En la furgoneta de Felipe se pueden cargar 1.250 kilos. Felipe ha cargado un sofá que pesa 98 kilos y un mueble que pesa 115 kilos. ¿Cuántos kilos más puede cargar?

SOLUCIÓN ______________________________

- Los alumnos de 3.º de Primaria han hecho una rifa con 1.000 papeletas para pagar la excursión de fin de curso. El grupo de Marcos ha vendido 350, el grupo de Ester ha vendido 425 y el grupo de Guillermo el resto. ¿Cuántas papeletas ha vendido el grupo de Guillermo?

SOLUCIÓN ______________________________

- En el mes de enero visitaron un museo 5.620 personas, en el mes de febrero 3.540 y en el mes de marzo lo visitaron 320 personas menos que entre los dos primeros meses. ¿Cuántas personas visitaron el museo en marzo?

SOLUCIÓN ______________________________

2 Observa el gráfico y resuelve.

El gráfico muestra los kilos de fruta que en el restaurante de Carmelo se consumieron cada día.

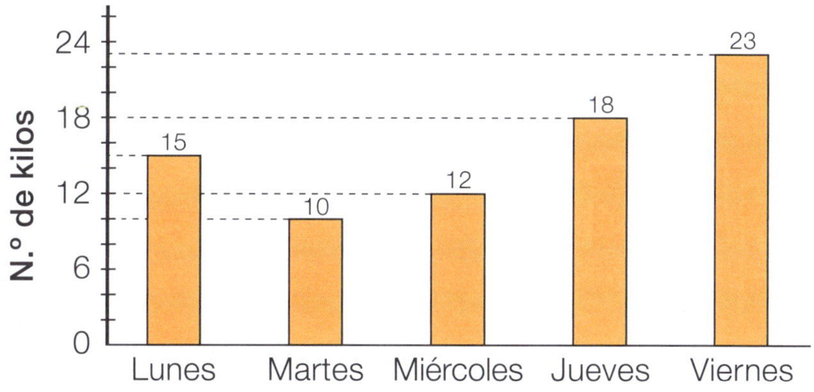

- Para el lunes y el martes Carmelo compró 40 kilos de fruta. ¿Cuántos kilos le sobraron?

SOLUCIÓN ______________________________

- El miércoles, Carmelo recibió en el restaurante 10 kilos de naranjas, 12 kilos de manzanas y 5 kilos de plátanos. ¿Cuántos kilos de fruta le sobraron?

SOLUCIÓN ______________________________

- El jueves y el viernes de la semana pasada se consumieron 38 kilos de fruta. ¿Cuántos kilos más se han consumido en esos dos días de esta semana?

SOLUCIÓN ______________________________

- ¿Cuántos kilos de fruta se han consumido los tres primeros días de la semana menos que el jueves y el viernes juntos?

SOLUCIÓN ______________________________

Cargar paquetes en un ascensor

1 Lee y resuelve.

Marcos quiere usar el ascensor para subir al piso de arriba varios paquetes.

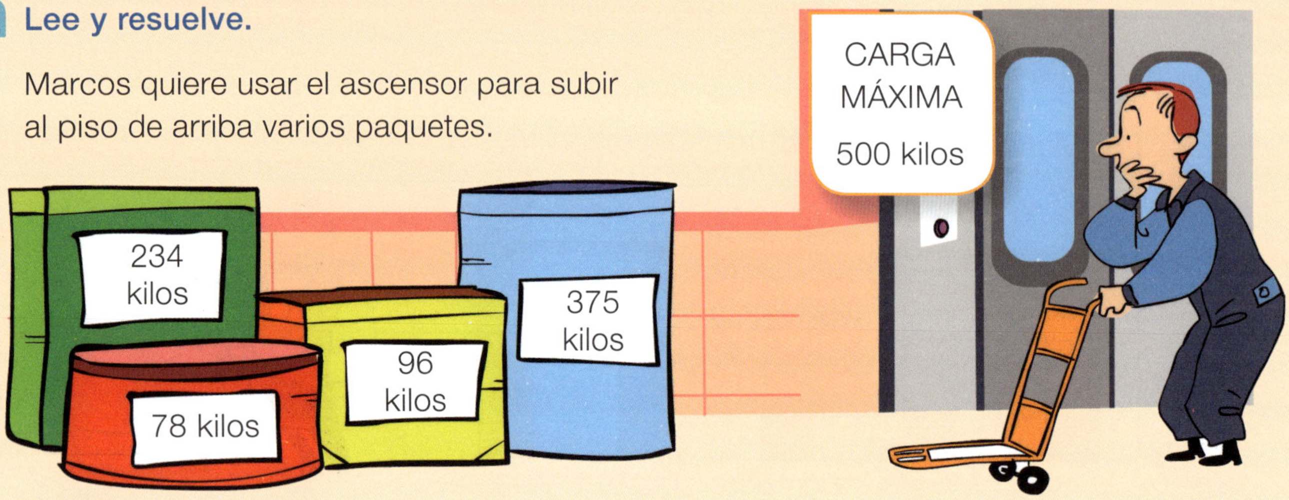

- Marcos pesa 74 kilos. ¿Podrá subir en el ascensor con los dos paquetes más pesados? Explica por qué.

SOLUCIÓN ______________________

- Si Marcos sube en el ascensor con el paquete más pesado, ¿cuántos kilos más se pueden cargar?

SOLUCIÓN ______________________

____

- Si Marcos sube en el ascensor con los tres paquetes más pesados, ¿cuántos kilos de más cargaría?

SOLUCIÓN ______________________

____

- Marcos sube en el ascensor con un paquete y todavía se pueden cargar en el ascensor 51 kilos. ¿Con qué paquete ha subido Marcos?

SOLUCIÓN ______________________

____

1 Lee y calcula.

Victoria y Javier juegan con tarjetas a adivinar números dando pistas.

Victoria le dice a Javier: «Si quieres adivinar el número que he pensado, sigue estos pasos»:

1.º Suma los tres números mayores.

2.º Suma los tres números menores.

3.º Resta los dos resultados obtenidos.

- Colorea la tarjeta con el número que ha pensado Victoria y escribe cómo se lee.

25.108 59.572 81.052 10.852

▶ ______________________________

2 Con las cifras de estas tarjetas, escribe.

0 4 1 2 3

- El mayor número de cuatro cifras ▶
- El menor número de cuatro cifras ▶
- El mayor número de cinco cifras ▶
- El menor número de cinco cifras ▶

Tablas de multiplicar

1 ¿Cuántos hay? Calcúlalo con una multiplicación.

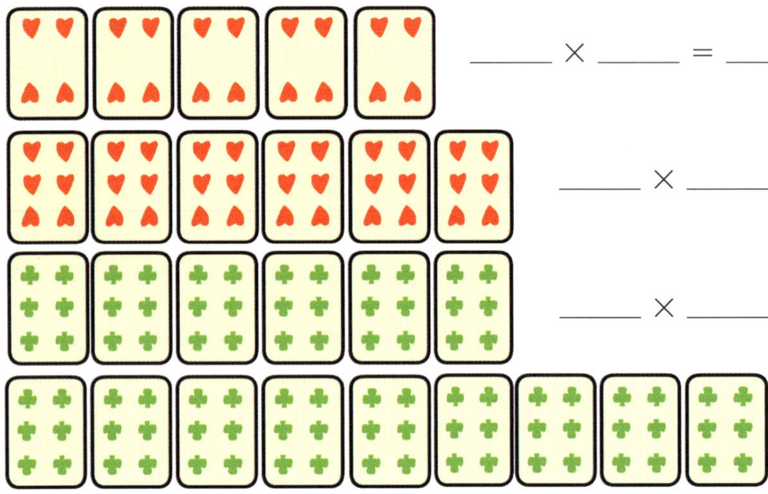

____ × ____ = ____ ▸ Hay ____ corazones.

____ × ____ = ____ ▸ Hay ____ corazones.

____ × ____ = ____ ▸ Hay ____ tréboles.

____ × ____ = ____

Hay ____ tréboles.

2 Calcula.

2 × 3 = ____	4 × 4 = ____	6 × 4 = ____	8 × 4 = ____
2 × 5 = ____	4 × 6 = ____	6 × 7 = ____	8 × 8 = ____
3 × 4 = ____	5 × 3 = ____	7 × 5 = ____	9 × 4 = ____
3 × 7 = ____	5 × 8 = ____	7 × 8 = ____	9 × 5 = ____

3 Calcula cada multiplicación y completa.

6 × 8 = ____	7 × 5 = ____	9 × 3 = ____
Los factores son ____.	Los factores son ____.	Los factores son ____.
El producto es ____.	El producto es ____.	El producto es ____.

4 Calcula y colorea.

12

14

16

3 × 4   4 × 3   7 × 2   4 × 4

2 × 7   2 × 8   6 × 2

5 Observa el dibujo y calcula.

- ¿Cuántas pelotas hay en 4 botes?

  ____ × ____ = ____ ▶ Hay ____ pelotas.

- ¿Cuántos dados hay en 3 bolsas?

  ____ × ____ = ____ ▶ Hay ____ dados.

- ¿Cuántos bolos hay en 4 cajas?

  ____ × ____ = ____ ▶ Hay ____ bolos.

6 Lee y resuelve.

- Una casa tiene 3 balcones. En cada balcón hay 4 macetas. ¿Cuántas macetas hay en la casa?

  SOLUCIÓN ____________________

- En el gimnasio hay 4 cestas. En cada cesta hay 8 pelotas. ¿Cuántas pelotas hay en el gimnasio?

  SOLUCIÓN ____________________

- En el comedor del colegio hay 9 fruteros. En cada frutero hay 7 piezas de fruta. ¿Cuántas piezas de fruta hay en total?

  SOLUCIÓN ____________________

- En la plaza de un pueblo hay 8 farolas. Cada farola tiene 6 focos. ¿Cuántos focos hay en total?

  SOLUCIÓN ____________________

7 **RAZONAMIENTO.** Piensa y escribe.

- Todas las multiplicaciones cuyo producto es 12 y sus factores son números de una cifra. ▶
- Todas las multiplicaciones cuyo producto es 16 y sus factores son números de una cifra. ▶

FICHA 2

Multiplicaciones sin llevar

1 Coloca los números y calcula.

54 × 2 | 42 × 3 | 61 × 4 | 80 × 6

230 × 3 | 411 × 5 | 601 × 7 | 810 × 8

2 Observa los números de las tarjetas y multiplica el número mayor por el menor.

8.230 | 9 | 9.010 | 4

7.120 | 3 | 5.980 | 7

6.785 | 5 | 9.432 | 2

3 Calcula el doble y el triple de cada número.

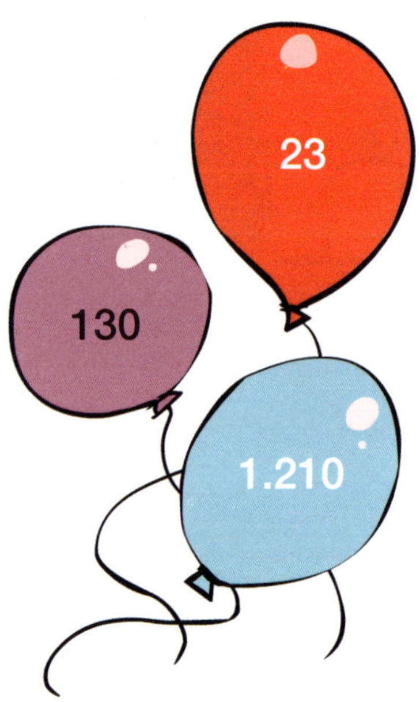

El doble

El triple

4 Observa el dibujo y calcula.

- 50 puntos (red)
- 100 puntos (blue)
- 200 puntos (green)

Susana y Mario juegan a coger bolas del bombo.

- En la primera partida, Susana consiguió 6 bolas rojas y Mario 4 azules. ¿Cuántos puntos consiguió cada niño?

- En la segunda partida, Susana consiguió 8 bolas azules y Mario 5 verdes. ¿Quién consiguió más puntos?

5 Resuelve.

- Julia compra 2 paquetes de servilletas azules y 3 paquetes de blancas. Cada paquete contiene 100 servilletas. ¿Cuántas servilletas compra Julia de cada color?

SOLUCIÓN ______________________________

____

- Para su restaurante, Luis compra 3 paquetes de manteles rojos y 5 de manteles azules. Cada paquete tiene 50 manteles. ¿Cuántos manteles ha comprado de cada color?

SOLUCIÓN ______________________________

____

- En la librería de Lorena se han recibido 9 paquetes de folios azules, 8 paquetes de folios amarillos y 6 de folios verdes. Cada paquete contiene 50 folios. ¿Cuántos folios se han recibido de cada color?

SOLUCIÓN ______________________________

FICHA 3

Multiplicaciones llevando

1 Calcula las multiplicaciones y completa la tabla.

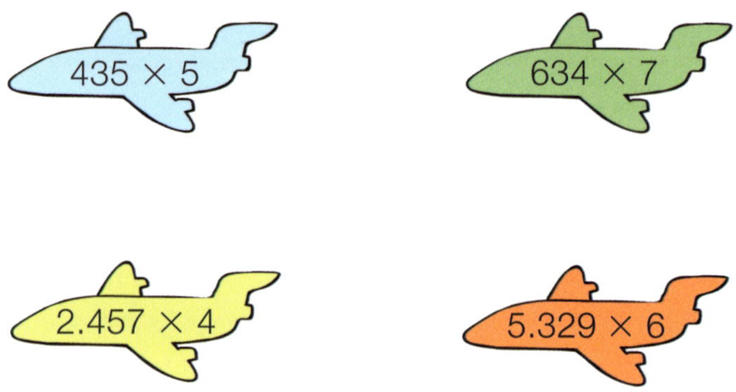

	Factores	Producto

2 Observa el ejemplo y calcula.

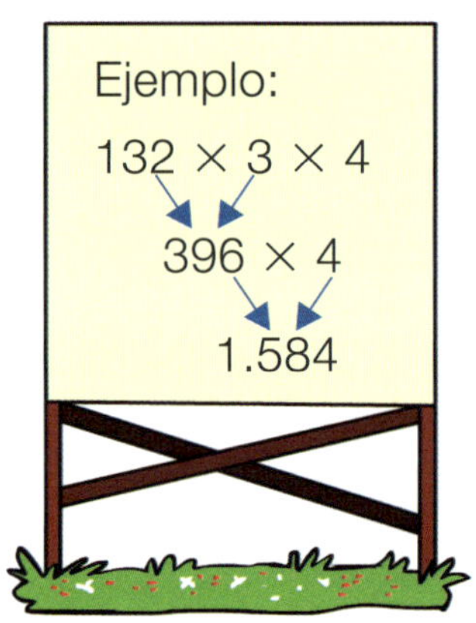

- 46 × 8 × 4
- 76 × 5 × 3
- 136 × 2 × 8
- 209 × 6 × 4

3 Mira la clave y calcula.

4 **Escribe la multiplicación correspondiente y calcúlala.**

Sus factores son 12.365 y 5

Sus factores son 14.804 y 7

Sus factores son 10.563 y 8

5 **¿Cuántas piezas tiene el puzle de cada niño? Lee y calcúlalo.**

- El puzle de Ana tiene 150 piezas y el de Jorge tiene el doble. ¿Cuántas piezas tiene el puzle de Jorge?
- El puzle de Pablo tiene 250 piezas y el de Eva tiene el triple. ¿Cuántas piezas tiene el puzle de Eva?

6 **Resuelve.**

- Un polideportivo tiene 165 socios. Cada socio paga al mes 5 €. ¿Cuánto recauda el polideportivo cada mes?

SOLUCIÓN ______________________

- Un camión transporta 4 coches iguales. Cada coche pesa 1.250 kg. ¿Cuántos kilos lleva el camión?

SOLUCIÓN ______________________

- Un circuito para bicicletas mide 5.750 metros. ¿Cuántos metros se recorren si se dan 5 vueltas?

SOLUCIÓN ______________________

Llevar las cuentas en la tienda de regalos

1 Lee y resuelve.

Marisa tiene una tienda de bisutería y ha hecho el pedido para la nueva temporada.

PULSERAS

5 €

COLLARES

9 €

ANILLOS

8 €

PENDIENTES

6 €

PEDIDO

- 80 pulseras
- 90 collares
- 125 anillos
- 235 pendientes

- ¿Cuánto pagará Marisa por cada tipo de artículo que ha pedido?

 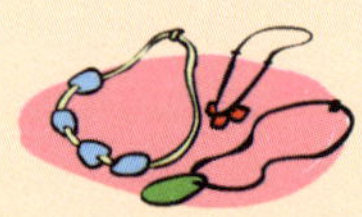  

- La temporada pasada vendió 60 pulseras y el doble de anillos. ¿Cuántos anillos vendió?

SOLUCIÓN ______________________________

____

- La semana pasada vendió 30 collares y el triple de pendientes. ¿Cuántos pendientes vendió?

SOLUCIÓN ______________________________

____

PEDIDO

- 15 pulseras
- 24 collares
- 115 anillos
- 325 pendientes

- ¿Cuánto pagará Marisa por cada tipo de artículo de este nuevo pedido?

SOLUCIÓN ______________________________

1 Coloca los números y calcula.

- 4.395 + 726
- 3.065 + 4.876
- 9.012 − 786
- 75.035 − 9.674
- 3.102 × 4
- 6.100 × 6
- 4.101 × 7
- 6.204 × 2

- Colorea de verde las zonas con los resultados de las operaciones anteriores.

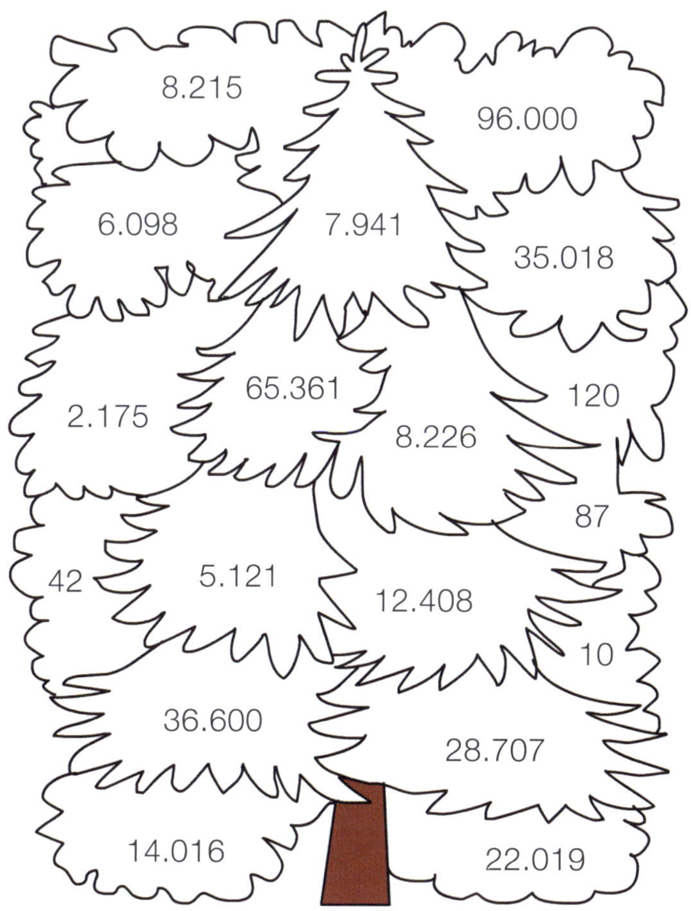

¿Qué dibujo te ha salido?

____

Dirección de arte: **José Crespo**

Proyecto gráfico: **Pep Carrió**
Fotografía de cubierta: **Leila Méndez**

Jefa de proyecto: **Rosa Marín**
Coordinación de ilustración: **Carlos Aguilera**
Jefe de desarrollo de proyecto: **Javier Tejeda**
Desarrollo gráfico: **Rosa María Barriga, Raúl de Andrés**

Dirección técnica: **Ángel García Encinar**

Coordinación técnica: **Alejandro Retana**
Confección y montaje: **Victoria Lucas, Jorge Borrego**
Corrección: **Marta Rubio, Nuria del Peso**

Avda. de los Artesanos, 6
28760 Tres Cantos, Madrid
Printed in Spain

ISBN: 978-84-680-1321-3
Depósito legal: M-6705-2014
CP: 503719